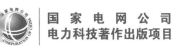

国家电网公司
电力科技著作出版项目

CSEE-SP7-2018-B2

国家风光储输示范工程

储存风光 输送梦想

灵活储能

中国电机工程学会
北京电机工程学会 ◎组编

中国电力出版社
CHINA ELECTRIC POWER PRESS

图书在版编目（CIP）数据

灵活储能 / 中国电机工程学会，北京电机工程学会组编. —北京：
中国电力出版社，2018.9

（国家风光储输示范工程　储存风光　输送梦想）
ISBN 978-7-5198-2027-5

Ⅰ.①灵…　Ⅱ.①中…②北…　Ⅲ.①新能源－发电－电力工程－
工程技术　Ⅳ.①TM61

中国版本图书馆 CIP 数据核字（2018）第 094097 号

出版发行：中国电力出版社
地　　址：北京市东城区北京站西街 19 号（邮政编码 100005）
网　　址：http://www.cepp.sgcc.com.cn
责任编辑：曹　荣（010-63412560）
责任校对：黄　蓓　马　宁
装帧设计：锋尚设计
责任印制：蔺义舟

印　　刷：北京盛通印刷股份有限公司
版　　次：2018 年 9 月第一版
印　　次：2018 年 9 月北京第一次印刷
开　　本：710 毫米 ×980 毫米　16 开本
印　　张：4
字　　数：68 千字
定　　价：25.00 元

前　言

　　高度重视科学普及，是习近平总书记关于科学技术的一系列重要论述中一以贯之的思想理念。2016年，习近平总书记在"科技三会"上发表重要讲话，强调"科技创新、科学普及是实现创新发展的两翼，要把科学普及放在与科技创新同等重要的位置"。

　　电力是关系国计民生的基础产业，电力供应和安全事关国家安全战略和经济社会发展全局。电力科普是国家科普事业的重要组成部分。当前，电力工业发展已进入以绿色化、智能化为主要技术特征的新时期，电力新技术不断涌现，公众对了解电力科技知识的需求也不断增长。《国家风光储输示范工程　储存风光　输送梦想》科普丛书由中国电机工程学会、北京电机工程学会共同组织编写，包括电力行业知名专家学者、工程管理人员、一线骨干技术人员在内的100余位撰稿人、80余位审稿人参与编撰，是我国乃至世界第一套面向公众，全面介绍风光储输"四位一体"新能源综合开发利用的科普丛书。

本套丛书以国家风光储输示范工程为依托，围绕公众普遍关注的新能源发展与消纳、能源与环保等热点问题，用通俗易懂的语言精准阐述科学知识，全方位展现风力发电、光伏发电、储能、智能输电等技术，客观真实地反映了我国新能源技术发展的科技创新成果，具有很强的科学性、知识性、实用性和可读性，是中国电机工程学会和北京电机工程学会倾力打造的一套科普精品丛书。

　　"不积小流，无以成江海"。希望这套凝聚着组织策划、编撰审校、编辑出版众多工作人员辛勤汗水和心血的科普丛书，能给那些热爱科学，倡导低碳、绿色、可持续发展的人们惊喜和收获。展望未来，电机工程学会要继续认真贯彻习近平总书记关于科普工作的指示精神，切实增强做好科普工作的责任感、使命感，以电力科技创新为引领，以普及电力科学技术为核心，编撰出版更多的电力科普精品图书，为电力行业创新发展，为提高全民科学素质作出新的更大贡献！

郑宝森

2018年6月

目录 | CONTENTS

前　言

从储存到储能

　　储存这个概念人们并不陌生。《现代汉语词典》中，储存的释义是"把物或钱存放起来，暂时不用"。现实生活中，储存无处不在。古今中外的人们将"物质"通过某种形式、状态暂时或者长期存放在一起，方便这些"物质"服务于生产、生活等。例如人们赖以为生的食物、运输到各地的原材料和产品、作为国家经济重要储备资产的黄金等都离不开储存。你了解的储存都包括哪些？人类是如何存储信息的？人们常说的云储存是指什么？能量会"消失"吗？能量能储存吗？带着这些问题，开始我们的科普之旅吧。

从古到今的储存

人类的祖先在很久以前就懂得了储存的意义。从最早期的保存火种到后来的储存粮食、物资，可以说，储存产生和逐渐演变的历史与人类的进化史相伴而生，共同发展。

食物的储存

距今6000多年前的新石器时代，半坡原始居民在每年秋收以后，把一部分粮食藏在仓窖和住房里，供一年食用。后来，人类又发明了用食盐腌制或风干肉类，把蔬菜、粮食放进地窖中储存，在冰窖中储存冰块供夏天使用等方法。到了现代，进一步发展为采用脱水、真空包装、冷冻等方式保存食材，并发明了电冰箱、电冰柜等电器设备来储存食物。

知识链接

中国古代最大的粮仓——含嘉仓

位于河南洛阳的含嘉仓是唐代的国家粮仓。它东西宽612米，南北长710米，总面积43万米^2，共有圆形仓窖400余个，大窖可储粮万石以上，小窖也可储粮数千石，是中国古代最大的粮仓。据历史记载，唐玄宗天宝八年（公元749年）时，全国主要大型粮仓储粮总数为1266万石，其中含嘉仓储粮583万石，约占一半。

物资的储存

　　储存除了和百姓生活息息相关，还关系着国计民生。企业为了保证正常的生产经营而储备原料和产品。国家为了整个国民经济的持续发展而储备货币和物资，如外汇、粮食、燃料、钢铁等，用以应对严重自然灾害、战争等突发事件。

名词解释

美联储

　　美国联邦储备系统（The Federal Reserve System）简称美联储（Federal Reserve），它负责履行美国的中央银行的职责。

　　自古以来，稀缺珍贵的黄金因其自身价值而形成实物货币，各国通过建立自己的"银行"大量储存黄金。美联储拥有当今世界最大的金库，金库有一百多间储藏室，存放数千吨黄金，约占全球官方黄金储备的四分之一。除此之外，国际上著名的金库还有瑞士金库和俄罗斯金库等。

信息的储存

　　人类在进化的历史长河中，通过日常的学习和交流，将经验、工具、文化等信息传授给自己的同伴。这些信息是怎么被记录下来、储存起来的呢？

大脑的信息储存

　　人的大脑其实就是一个复杂的存储器。它时时刻刻在储存着信息，记录下人们读到的文字、目睹的画面、经历的事情。科学家将大脑存储的信息划分为瞬时记忆、短时记忆和长时记忆三类。

古代的信息储存

四大文明古国的天文、历法、数学、宗教信仰、重要历史事件等记录在各自的"载体"上。

古巴比伦　古巴比伦人用削尖的芦苇做笔，把文字刻在泥胚上，然后把泥胚烘干，成为泥板，这种文字称为楔形文字。古巴比伦是古代两河（幼发拉底河和底格里斯河）流域的国家，现已消亡。

古埃及　位于北非的古埃及罗塞塔石碑上同时记录了古代埃及象形文字圣书体和世俗体以及古希腊文，成为后人解读古埃及象形文字的关键。

古印度　位于南亚的古印度主要使用婆罗米字母和佉卢字母记述事件。

古代中国　中国人对信息的存储从结绳记事开始，逐渐发展为在石头、龟甲、青铜器等物体上雕刻信息。之后很长一段时间，古代中国人使用竹简书写。东汉时期蔡伦改进的造纸术是书写材料的一次革命，它推动了中国乃至整个世界的文化发展。

知识链接

甲骨文

2017年成功入选《世界记忆名录》的甲骨文，是距今3000多年的商代使用的文字。当时它被用于占卜祈祷。这是文献记载中国最早的成熟文字。

现代的信息储存

随着现代文明社会的发展，信息量越来越大，储存途径不局限于纸张，而是通过先进的技术手段储存在电子器件里或者虚拟网络里。

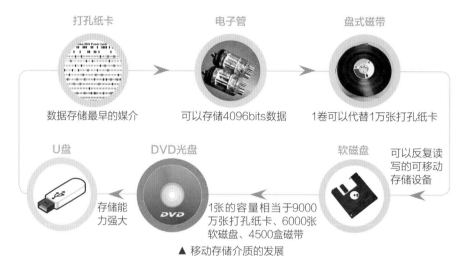

打孔纸卡　　　　　　电子管　　　　　　盘式磁带

数据存储最早的媒介　　可以存储4096bits数据　　1卷可以代替1万张打孔纸卡

U盘　　　　　DVD光盘　　　　　软磁盘

可以反复读写的可移动存储设备

存储能力强大　　1张的容量相当于9000万张打孔纸卡、6000张软磁盘、4500盒磁带

▲ 移动存储介质的发展

如今我们已经习惯了在U盘、硬盘和网盘中存储大量数据。而在几十年前，存储几个GB的数据需要双门电冰箱那么大的体积。随着技术不断进步，生活中常用的硬盘存储容量发生了数量级的提升，以TB为单位的移动硬盘广泛走入人们生活，甚至出现了PB、EB级产品。

▲ IBM 公司大如冰箱的硬盘

知识链接

字节（Byte）是计算机信息技术中的一种容量计量单位，一个字节等于8位（bit）。常见的字节单位有B、KB、MB、GB、TB、PB、EB等。

1KB（Kilobyte，千字节）$=2^{10}$B　　　　1TB（Terabyte，太字节）$=2^{10}$GB

1MB（Megabyte，兆字节）$=2^{10}$KB　　　1PB（Petabyte，拍字节）$=2^{10}$TB

1GB（Gigabyte，吉字节）$=2^{10}$MB　　　1EB（Exabyte，艾字节）$=2^{10}$PB

信息时代，人们利用云存储等技术将海量数据存储于位于世界各地的数据中心。数据中心从外表看来只是普普通通的建筑物，其实内有乾坤。它配有一整套复杂设施，能容纳存储设备、通信设备、环境控制设备、监控设备以及各种安全装置，确保数据存储的安全、稳定。

名词解释

云存储

云存储是在云计算概念上延伸和发展出来的概念。它将网络中大量各种不同类型的存储设备通过应用软件集合起来协同工作，共同对外提供数据存储和业务访问功能。人们可以把数据和文件存储在这个虚拟的空间里，使用时不需要携带存储设备，只需要一台能上网的电脑或手机等设备就可以实现数据的共享、下载等功能。

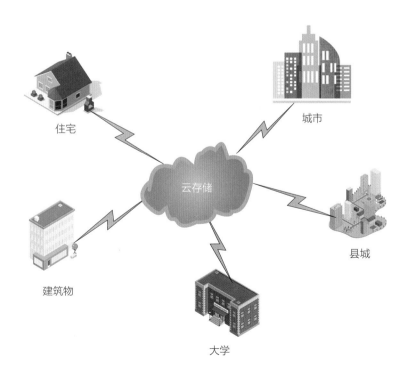

能量的储存

能量是物质运动的一种度量，简称能。对应于物质的各种运动形式，能量也有各种形式。各种形式的能量可以互相转化，这些转化都遵循自然界最普遍、最重要的基本定律之一——能量守恒定律。人类借助能量的互相转化实现对各种能源的利用。

生活中常见的能量储存有机械能储存、热能储存、电能储存等。

能量守恒定律

在一个封闭的系统中，各种能量可以相互转换，但总能量保持恒定，且不随时间变化。

机械能的储存与转化

　　机械能是动能与势能的总和。机械能的储存通常与机械能转换密不可分，即将动能和势能以一定形式储存起来，转化为内能、电能或者其他形式的能量。

　　撑竿跳运动员将奔跑过程中的动能通过撑杆形变这种形式短时储存起来，撑杆回复形变将能量释放出来使运动员跳得更高。

　　通过压缩钟表里的弹簧给钟表上弦，将能量以弹性势能的形式储存起来，随着弹簧慢慢回复形变再转化成令表针走动的动能。

风力发电机组在工作的时候，首先将风的机械能转化成风轮转动的机械能，再带动发电机运转，将机械能转化成电能。

爱玩滑梯的孩子从高处滑下来将自己身体的重力势能转化成动能，部分动能又通过摩擦转化成内能，这就是孩子的小屁股变得热乎乎的原因。

热能的储存

　　将太阳能以热量的形式进行储存是热能储存的一种重要形式。生活中的热能存储随处可见，例如利用太阳能热水器将太阳能的热量储存到水分子中，供人们洗澡、做饭等。

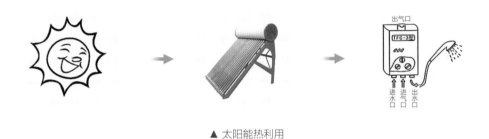

▲ 太阳能热利用

电能的储存

　　人们常说的"储能"大多指电能的储存，它的"媒介"一般是储能电池。生活中储能电池的类型多种多样，既可以分散使用，又可以集中规模使用。分散使用的电池在生活中非常常见，例如手机、电动自行车、电动汽车上的电池等等。集中规模使用的电池多为化学储能电池，例如与风力发电设备和太阳能发电设备配合安装的电池。

▲ 充电中的电动汽车

　　风力发电和太阳能发电发出的电能，都能直接并网或者利用储能电池储存起来供人们使用。

知识
链接

边跑边充电的"太阳能公路"

2017年12月28日，中国首个承载式光伏高速公路试验段在济南建成通车，实现了利用高速公路路面并网发电。

"太阳能公路"的秘密武器在于最上面是一层类似毛玻璃的半透明新型材料，摩擦系数高。既可保证轮胎不打滑，还拥有较高的透光率。阳光穿过时，路面下的太阳能电池把光能转换成电能，通过电磁感应线圈，实现电动汽车在行驶过程中的无线充电。

▲ 中国济南光伏高速公路

问与答

问题1：你了解的储存都包括哪些？

答：生活中的存储无处不在。例如人们赖以为生的食物、运输到各地的原材料和产品、作为国家经济重要储备资产的黄金等都离不开储存。储存除了与百姓日常生活息息相关，还关系着国计民生。企业为了保证正常的生产经营而储备原料和产品。国家为了整个国民经济的持续发展而储备货币和物资，如外汇、粮食、燃料、钢铁等，用以应对严重自然灾害、战争等突然事件需要等。

问题2：人类是如何存储信息的？

答：人的大脑其实就是一个复杂的存储器。它时时刻刻在储存着信息，记录下人们读到的文字、目睹的画面、经历的事情。

古人将天文、历法、数学、宗教信仰、事件等记录在各自的"载体"上。随着现代文明社会的发展，信息量越来越大，储存途径不仅仅局限于纸张，而是通过先进的技术手段储存在电子器件里或者虚拟网络里。信息时代的海量数据通过云存储等技术存储于世界各地的数据中心。

问题3：人们常说的云存储指的是什么？

答：云存储是在云计算概念上延伸和发展出来的概念。它将网络中大量各种不同类型的存储设备通过应用软件集合起来协同工作，共同对外提供数据存储和业务访问功能。人们可以把数据和文件存储在这个虚拟的空间里，使用时不需要携带存储设备，只需要一台能上网的电脑或手机等设备就可以实现数据的共享、下载等功能。

问题4：能量被储存之后总量就变少了吗？

答：能量既不会凭空产生，也不会凭空消失，只能从一个物体传递给另一个物体，或者从一种形式转化为另一种形式。因此，能量被储存之后，总量不会变少，这就是能量守恒定律。

CHAPTER

2

随处可见的
储能技术

在能源的开发利用过程中，人们发现太阳能、风能、潮汐能等清洁能源虽然不产生污染，但它们随着时间、季节变化着，难以持续、稳定地输出。于是人们开始研究把能源储存起来的技术——储能技术。手机电池、充电宝、电动车辆蓄电池……随着储能技术不断发展，人类的生活更清洁、更美好。储能技术有哪些类型？生活中有哪些常见的储能技术？当前应用最广的储能技术是什么？大开脑洞的人类未来又将迎来哪些新的储能技术？让我们来了解一下随处可见的储能技术。

认识储能技术

    储能技术是指通过装置或物理介质将能量储存起来的技术，通常分为热储能技术和电储能技术。随着储能技术不断发展，深冷液化空气储能、相变储热等新技术层出不穷。

    18世纪中期，英国伦敦一位物理学家向美国费城的政治家、科学家本杰明·富兰克林邮寄了一只莱顿瓶。这是一个"银光闪闪"的瓶子，内外都贴有锡箔。瓶里的锡箔通过金属链与金属棒相连接，棒的上端是一个金属球。电通过金属链导入瓶中后，将被屏蔽保存在瓶中。

    富兰克林正确地指出了莱顿瓶的原理："起储电作用的是瓶子本身""全部电荷是由玻璃本身储存着的"。后来人们发现，只要两个金属板中间隔一层绝缘体就可以做成电容器。

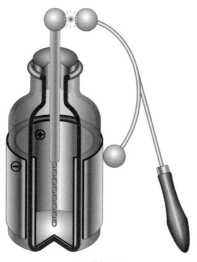

▲ 莱顿瓶

　　以前，绿色环保的风力发电、太阳能发电等清洁能源发电受自然条件影响大，而且调节困难，难以实现大规模安全稳定运行。而储能技术的出现和应用，使得人们能够广泛、有效地利用清洁能源。

　　储能的应用可以融入整个电力系统，贯穿发电、输电、用电等各个环节。可以说，储能在人类社会中无处不在。

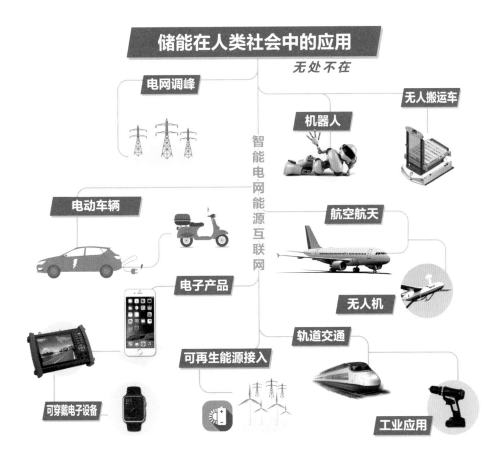

热储能技术

太阳是一个巨大的火球，它源源不断地向地球辐射热量，将这种能量储存起来的技术就是热储能技术，热能通过热储能系统被储存在蓄热材料中，待需要时释放出来加以利用，也可以转化为电能使用。热储能的效率超过90%，高于大多数其他储能技术。

名词解释

蓄热材料

一种能够储存热能的新型化学材料。它在特定的温度下发生物相变化，并伴随着吸收或放出能量，它可以用来储存热能，也可以用来控制周围环境的温度。

太阳能热水器是一类典型的热储能系统。它通过集热管、储水箱及支架等相关零配件组成的系统，将太阳能转换成热能，利用热水上浮冷水下沉的原理，使水产生微循环，从而产生热水。

热储能技术和电储能技术的区别在于它不直接储存电和放电。然而，有时候热储能在功能上可以等效为电储能。用于电力系统的热储能主要有两种，一种是将太阳能转换为热能，最终转换成电能，即太阳能热发电；另一种是建筑蓄冷/热。

▲ 太阳能热水器

知识链接

　　太阳能热发电的过程是通过专门的设备把太阳辐射的能量"储存"起来，通过光—热—电的能量转换把太阳能转化成热能，再用动力机械将热能转换为机械能，驱动发电机昼夜不停地连续发电。

　　根据收集太阳辐射能方式的不同，太阳能热发电可以分为塔式太阳能热发电、抛物面槽式太阳能热发电、碟式太阳能热发电和线性菲涅耳式太阳能热发电等。

▲ 塔式太阳能热发电

▲ 抛物面槽式太阳能热发电

▲ 碟式太阳能热发电

▲ 线性菲涅耳式太阳能热发电

电储能技术

电储能技术指的是利用大容量且能实现快速充放电的蓄电池或储能设施，将大量电力储存起来，在需要的时候释放出来使用。如将夜间或冬季用电低谷时的剩余电力储存起来，到电力需求高的白天或夏季使用。

电储能技术包括物理储能（抽水蓄能、压缩空气储能、飞轮储能等）、电化学储能（铅酸电池、锂离子电池、钠—硫电池、液流电池等）和电磁储能（超级电容器、超导储能）等。

电储能技术多种多样。不同类型的储能方式规模不同，目的也各不相同：有的用于平抑负荷的峰谷差，提高发电效率和设备利用率；有的用于提供紧急时或停电时所需的电力；有的用于调整频率和电压等。和化学储能相比，物理储能更加绿色、环保，它利用天然的资源来储存能量。

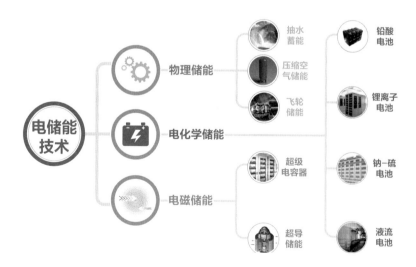

在电力系统的各个环节，电储能技术与传统技术相配合，发挥着重要作用。

发电环节

平抑可再生能源波动，保障电网安全，从而提升清洁能源并网率。

削峰填谷，技术升级，提高设备总体利用率，改善电能质量。

输配电环节

消费环节

提供应急电源，应对抗极端自然灾害和突发状况，辅助电网调峰。

在电力系统中增加电能存储环节，使得电力实时平衡的"刚性"电力系统变得更加"柔性"，让电网变得更安全、更经济、更灵活。

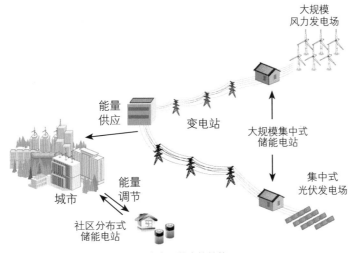

▲ 电力系统中的储能

多种多样的储能技术

抽水蓄能

　　抽水蓄能电厂的上、下游各有一个水库，分别称为上水库和下水库，两个水库均能储存一定数量的水。抽水蓄能电厂的机组是可逆的水泵/水轮机和电动机/发电机组。深夜，当人们进入梦乡、工厂下班、商店关门，用电负荷进入低谷，抽水蓄能电站利用电网过剩的电力把水从下水库抽入上水库，使电能变成水的势能储存起来；在电力需求高峰时，上水库放水发电，机组作为水轮发电机运行。

▲ 抽水蓄能电站示意图

　　抽水蓄能不仅可以削峰填谷，还可作为备用，将电网低谷负荷时的低价电能转换成高峰负荷时的高价电能。抽水蓄能是目前最为成熟的储能技术。它的成本较低，目前已经实现大规模应用。然而，在每一次抽水蓄能和放水发电的过程中，都有一部分能量损失，因此抽水蓄能系统的效率不高，为65%~75%，约损失1/4的电能。

 知识链接

　　广州抽水蓄能电站位于距广州市区100公里的南昆山脉北侧，这里有丰富的水力资源——流溪河水系。电站分两期建设，一期工程4台30万千瓦机组于1994年3月建成发电；二期工程4台30万千瓦机组在2000年全部投产。广州抽水蓄能电站的设计、施工都是中国自行完成的。

▲ 广州抽水蓄能电站

　　你可能想象不到，这样平静丰满的上水库中的水，是在夜间由电动机和水泵将下水库的水抽到这里的。

压缩空气储能

压缩空气储能是利用电力系统低谷时的剩余电量,带动空气压缩机将空气压入或继续液化注入大容量存储室中(存储室可能是地下结构,如洞穴、废弃矿井等;或是地上系统,如槽、罐等压力容器),即将电能转化为压缩空气的势能存储起来,当电力系统发电量不足时,利用压缩空气膨胀做功发电,满足电力系统调峰需求。

压缩空气储能技术依照燃料利用的形式可分为补燃型及新型非补燃型两大类。

补燃型压缩空气储能	新型非补燃型压缩空气储能
利用电力系统低谷时的剩余电量,带动空气压缩机将空气压入大容量存储室,将电能转化为压缩空气的势能存储起来。需要发电时,在特制的燃气轮机中,将压缩空气与油或天然气混合燃烧,推动燃气轮机做功发电。	根据高压空气存储形式不同 **先进绝热** / **深冷液化** 将高压空气存储在地下结构中(如洞穴、废弃矿井等),易受地理条件的限制 / 引入技术成熟的制冷液化设备,将高压空气进一步液化,并存储于地上系统(槽、罐等压力容器)中
容量大、使用寿命长、经济性好等优点,但发电时需要消耗化石能源,燃烧的废气排入大气,产生一定的污染和碳排放。	能量密度高、占地小

非补燃压储电站是一个不断将富余电能转化为高压或液化空气、在用电高峰又将其转换为电能的生产场所。储能阶段,利用电力系统低谷时的剩余电量,带动空气压缩机将空气压入或继续液化注入存储室中,使电能转化为可存储的压缩空气势能,同时利用储热介质存储压缩过程产生的热能;释能阶段,利用压缩空气推动多级膨胀机组做功发电,满足电力系统调峰需求。同时为提升系统效率,每级膨胀机前可布置再热器,充分利用储能阶段存储热能加热做功空气。

新型非补燃型深冷液化压缩空气储能技术能量密度高、使用寿命长、无地理条件及水资源限制,目前正在工程化研究试点过程中,将成为未来能量型储能技术的发展方向。

飞轮储能

　　飞轮储能多用于工业，在配电系统中，它可以作为一个不带蓄电池的静态交流不停电电源装置（UPS）。当供电电源故障时，可以用它来快速转移电源，维持小系统的短时间频率稳定。

　　飞轮储能系统由高速飞轮、轴承支撑系统、电动机/发电机、功率变换器、电子控制系统、真空泵等组成。当外界电能富裕时，飞轮储能系统利用外界输入的电能，通过电动机带动飞轮高速旋转，将电能转换为机械能，以动能的形式将能量储存起来。当外界需要电能时，高速旋转的飞轮作为原动机拖动发电机发电，经功率变换器输出电流和电压，将机械能转换为电能。

▲ 飞轮储能系统

电化学储能

电化学储能是指将电能转化成化学能进行储存，需要时再将化学能转化成电能释放出来。电池是将电能转化成化学能进行存储的装置。因此也有人将电化学储能俗称为电池储能。

电池储能技术经历了漫长的发展历程，至今仍在不断突破。

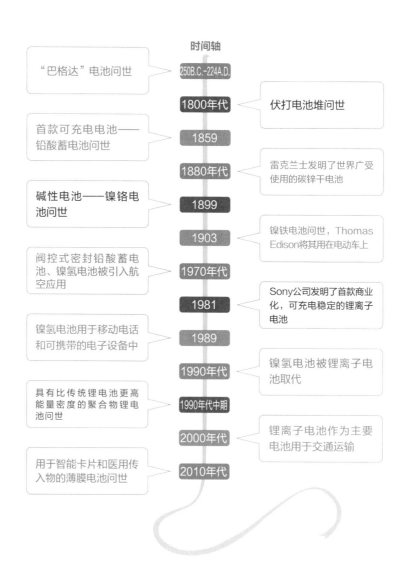

时间轴

"巴格达"电池问世 — 250B.C.-224A.D.

1800年代 — 伏打电池堆问世

首款可充电电池——铅酸蓄电池问世 — 1859

1880年代 — 雷克兰士发明了世界广受使用的碳锌干电池

碱性电池——镍铬电池问世 — 1899

1903 — 镍铁电池问世，Thomas Edison将其用在电动车上

阀控式密封铅酸蓄电池、镍氢电池被引入航空应用 — 1970年代

1981 — Sony公司发明了首款商业化、可充电稳定的锂离子电池

镍氢电池用于移动电话和可携带的电子设备中 — 1989

1990年代 — 镍氢电池被锂离子电池取代

具有比传统锂电池更高能量密度的聚合物锂电池问世 — 1990年代中期

2000年代 — 锂离子电池作为主要电池用于交通运输

用于智能卡片和医用传入物的薄膜电池问世 — 2010年代

化学电池主要包括一次电池、二次电池、燃料电池等。

一次电池储存的能量经过放电后完全释放，不能再通过充电使其复原。人们日常生活中常用的干电池是一次电池的代表，它通常由正极、负极、电解液和容器、隔膜等组成。

市场上的干电池有很多种，最为常见的是碱性干电池和碳性干电池。碱性干电池碱性电池以二氧化锰为正极，锌为负极，氢氧化钾为电解液。碳性干电池的正极是炭棒，负极是锌皮，是目前最普遍的干电池。在选购时，应该注意它们的区别。一般来说，碱性干电池价格比碳性干电池高，但它的容量大，因此更加耐用。

知识链接

干电池有"毒"吗？

干电池危害环境主要是含金属汞，从1997年开始，国家就在做限制电池汞含量的工作。目前市面上买得到的，大家用的一次性干电池，都实现了无汞或低汞。因此，百姓家用的一次性干电池，比如5号、7号电池，是可以和其他生活垃圾一起直接扔进垃圾桶的。

手机上和电动汽车上使用的可反复充电的电池是二次电池，又称为充电电池或蓄电池。这是一种在电池放电后可通过充电的方式使活性物质激活而继续使用的电池。过去的手机大部分使用可拆卸充电的电池，而现在则多是电池与手机一体式设计了。二次电池因其材料不同，分为铅酸蓄电池、锂离子蓄电池、钠—硫蓄电池、液流蓄电池等。

电化学储能主要指的是各种二次电池的储能。我们日常使用最多的二次电池是锂离子电池，人们往往将它称为"锂电池"。实际上，锂电池不仅仅指锂离子电池，还包括应用并不广泛的锂金属电池。

锂离子电池应用了电化学嵌入/脱嵌反应原理，电池的两极都用嵌入化合物代替。当电池充电时，锂离子从正极脱嵌，经过隔离膜，嵌入到负极；当电池放电时，锂离子从负极又回到正极。锂离子在正负极之间移动的过程就是电池充放电的过程。打个比方来说，锂离子电池就像游泳比赛中的泳道，起点和终点为电池的正负两极，中间流动着液态电解质。而锂离子就像运动员一样在起点和终点之间游动。在锂离子从正极到负极再到正极的运动过程中，电池的充放电过程便完成了。

▲ 可更换电池的手机

▲ 电池与手机一体设计

　　锂离子电池的使用条件受到严格限制，过度充电、过度放电、短路、高温等都会引起电池损坏，甚至发生起火和爆炸。但是，实际使用中的锂离子电池是把若干个电芯连同一套安全保护电路以及多种安全装置一起封装成一块电池板。这些安全设计可以保证在过度充电、过度放电和短路时自动切断电池的电路；在电池内部压力过高时触发排气装置减压；在电池温度过高时触发热熔保护装置。因此，只要使用正规厂家生产的锂离子电池合格产品，手机充满电没有及时拔掉电源一般也不会引起电池爆炸。

知识链接

电池浅充浅放好处多

　　频繁的浅度充放电会比深度充放电有助于延长锂离子电池的寿命，千万不要以为充电次数多会损坏电池，这个说法对锂离子电池并不适用。所以，好习惯是有机会就插上充电，充到差不多就拔掉——少量多餐，别吃太饱。

　　燃料电池是一种把燃料所具有的化学能直接转换成电能的化学装置，又称电化学发电器。它通过氢和氧的化学反应来实现发电，具有发电效率高、环境污染小等优点。

电磁储能

电磁储能的应用形式主要有超级电容器储能和超导磁储能。超级电容器是20世纪七八十年代发展起来的通过极化电解质储能的电化学元件，它的储能过程和放电过程速度快、不发生化学变化，且储能过程是可逆的，可以反复充放电数十万次而不造成环境污染。但它的电介质耐压很低，在使用中一般将多个超级电容器串联。

名词解释

电能质量

电能质量用来衡量供电设备正常工作（或运行）的电压、电流各种指标偏离理想值的程度。电能质量一般用频率、电压、波形和三相电压、电流的不平衡度等指标来衡量。

超导磁储能装置是利用超导体电阻为零的特性制成的储能装置，它利用超导磁体将电磁能直接储存起来，需要时再将电磁能返回电网或负载。超导磁储能装置的使用寿命长，能量密度高，可建成大容量系统。它的转换效率高，响应速度快，能快速调节电网的电压和频率。它的装置建造不受地点限制，且维护简单、污染小。目前，超导储能技术还处在研发改进、小型试点阶段，将来技术成熟后，有望广泛应用于补偿符合波动、提高电能质量和输电系统稳定性等场合。

问与答

问题1：为什么要把能量储存起来？

答：在能源的开发利用过程中，人们发现太阳能、风能、潮汐能等清洁能源虽然不产生污染，但它们随时间、季节不规律变化，不能持续供应，给开发利用带来了困难。而电能等二次能源虽然可以持续输出，又要受到用户负荷不断变化的影响。于是人们开始研究把能源储存起来的技术——储能技术。

问题2：应用最广泛的储能方式是什么？

答：以抽水蓄能为代表的物理储能是目前最为成熟、成本最低、使用规模最大的储能方式，以各种电池为代表的电化学储能是应用范围最为广泛、发展潜力最大的储能技术。

问题3：为什么干电池不能充电，而手机和电动车上的电池可以充电？

答：干电池是一次电池，它是放电后不能再充电使其复原的电池，通常由正极、负极，电解液以及容器和隔膜等组成。手机和电动车上的是二次电池，又称为充电电池或蓄电池，是指在电池放电后可通过充电的方式使活性物质激活而继续使用的电池。

问题4：使用后的干电池必须分类处理吗？

答：干电池危害环境主要是含金属汞，从1997年开始，国家就在实行限制电池汞含量的。目前市面上买得到的，大家用的一次性干电池，都实现了无汞或低汞。因此，百姓家用的一次性干电池，比如5号、7号电池，是可以和其他生活垃圾一起直接扔进垃圾桶的。

CHAPTER

3

强大的
储能电站

　　传统电力系统采用"即发即用"的模式，清洁
能源的不稳定性不能满足用户侧随时变化的电力需
求。例如，太阳只在白天发光发热，风能瞬息万
变。当风力发电、太阳能光伏发电出力足够多时，
可将多余的发电电量储存到电池中；一旦两者出力
不够，储能系统就可以平稳地输出电量，既满足了
用户需求，又可以保证电力系统稳定运行。组成储
能电站的"细胞"是什么？储能电站的"总指挥官"
是谁？储能电站是如何工作的？它有哪些功能？让
我们走近储能电站，寻找答案。

了不起的储能电站

　　传统的电力系统中，发电、输电、配电和用电同时完成。在电力系统中引入储能电站，就像是安装了一个"调节器"，通过控制使它在用电低谷时充电、用电高峰时放电，将清洁能源发出的电力"储存"起来，保持电网高效安全运行和电力供需平衡。可以说，储能电站的出现，使得电力系统的运行"灵活"起来。

　　储能电站被认为是未来电力系统中的必要组成部分，在发电、输电、配电和用电等各个环节都有广泛的应用。

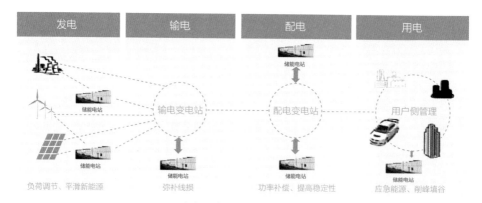

▲ 电力系统各环节中的储能电站

国家风光储输示范工程中的储能电站

　　国家风光储输示范工程位于河北省张家口市，它是目前世界上规模最大、综合利用水平最高的集风力发电、光伏发电、储能系统、智能输电"四位一体"的新能源综合示范项目。

▲ 国家风光储输示范工程全景

　　国家风光储输示范工程实现了风储联合、光储联合、风光储联合等七种发电运行方式的自动组态、智能优化和平滑切换，使风光储输出的电力可控、可调。

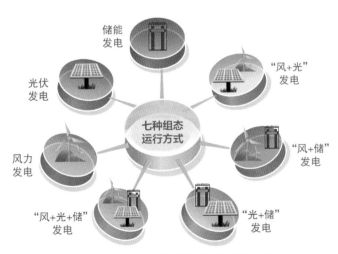

▲ 国家风光储输示范工程七种组态运行方式

2014年，国家风光储输示范工程成功完成"黑启动"试验，在突然失去外部电网供电的情况下，通过自有大规模电化学储能电站的反向送电功能，由小至大，逐级启动，最终完成整体启动。成为具有"黑启动"功能的大规模新能源联合发电站。

名词解释

黑启动

黑启动是指是指电站在失去外部电网供电的情况下，通过内部自启动能力的部件向其他发电单元送电，最终实现电站自启动。

国家风光储输示范工程建有世界规模最大的多类型化学储能电站。电站占地面积约1.2万米^2，共有电池单体近30余万节，总容量20兆瓦，是全球首个集研究、技术开发、技术比对、试验及生产运行于一体的综合示范平台。

▲ 电池柜

▲ 储能电站

国家风光储输示范工程储能电站一期工程中，安装了五种不同的电池储能系统：14兆瓦/63兆瓦·时的磷酸铁锂电池储能系统、1兆瓦/0.5兆瓦·时的钛酸锂电池储能系统、2兆瓦/8兆瓦·时的全钒液流电池储能系统、2兆瓦/16兆瓦·时的胶体铅酸蓄电池以及1兆瓦的超级电容器。

国家风光储输示范工程提出电池动态大容量成组技术及电池系统级联方法，实现了近30万只电池单体电池储能系统电站化集成，电站整体能量转换效率大于90%。

让我们走近国家风光储输示范工程，去探索它的储能电站的奥秘。

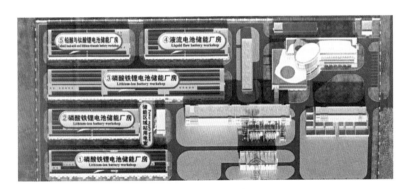

▲ 不同类型的厂房

储能电站的作用

前面讲过，在电网中加入储能电站，就好像增加了一个"调节器"，储能电站被认为是未来电力系统的必要组成部分。走进国家风光储输示范工程的储能电站，这里的工程师可能会告诉你：某一天，储能电站的运行方式依次为跟踪计划、平滑出力、站内调整……这分别体现了储能电站的强大功能：平滑出力、削峰填谷、跟踪计划、系统调频……从而实现了降低新能源出力随机性、提高新能源电站可靠性，同时增加了新能源电量消纳。

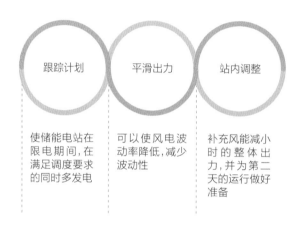

跟踪计划	平滑出力	站内调整
使储能电站在限电期间，在满足调度要求的同时多发电	可以使风电波动率降低，减少波动性	补充风能减小时的整体出力，并为第二天的运行做好准备

我是电网中的储能电站

平滑出力

　　光伏发电、风力发电等清洁能源发电具有随机性、波动性和间歇性，比如云层遮挡时光伏发电突然变少，风力发电受风的大小不断变化，使得发电出力曲线成为一条带有"毛刺"的不平滑曲线。储能电站在这些时候发挥着它的作用，削弱风光出力"毛刺"，使新能源发电曲线变得平滑。

　　当光伏发电因出现小云层而发出功率较少时，功率型电池优先启动运行，调节光伏输出功率；而当出现大云层时，在功率型电池启动后能量型电池会后续投入运行，实现长时间平滑输出。

功率型电池和能量型电池

　　功率型电池的容量通常比较小，可以为用电设备提供瞬间大电流供电，好比短跑选手；能量型电池通常具有比较大的容量而没有瞬间大电流，能够为用电设备提供比较持久的能源供给，类似马拉松选手。

我能使新能源发电曲线变得平滑

削峰填谷

正常情况下晚上风速大于白天的风速，而白天用电量要远远高于晚上，因此可以将晚上风力发电机组发的电存储到储能电站中，在白天将储能电站中的电能释放出来，利用储能装置的充放电功能，动态调节电网峰谷，提高可再生能源利用率，保证电网的稳定运行。

跟踪计划

电力系统的负荷和出力实时平衡。当电力系统的调度下达发电计划之后，储能电站时刻跟随这一计划，发挥它的威力。当系统实际发出的电力达不到计划值时，储能系统放电进行补充；当实际出力略大于计划出力时，储能电站将这部分差值用于充电，以此来实现风光储多组态联合出力实时跟踪计划值，实现了可再生能源发电的可预测、可控制、可调度。利用储能吸收富余的电能，能有效提高风能、太阳能等可再生能源的利用水平。

系统调频

　　电力系统的频率是电网安全的重要的指标。频率不稳定时，电网可能面临大面积停电甚至电网崩溃等风险。在实际运行中，当发电侧有功功率大于负荷消耗功率时，电力系统频率增大；发电侧有功功率小于负荷消耗功率时，电力系统频率减小。储能电站可在秒级时间内实现"机组启动—额定出力—最大出力"的状态转换，并可瞬时切换输出/输入状态，快速、灵活地参与系统调频。

储能电站的"细胞"

　　电池是储能电站的最小组成单元，如果将储能电站看作一个人，那么电池就是他的"细胞"。同时控制多个储能电池的系统称为电池储能系统，储能电站中一般安装一种或多种不同类型的电池储能系统。

▲ 电池厂房

锂电池

锂电池大致可分为两类：锂金属蓄电池和锂离子蓄电池。1912年，Gilbert N. Lewis提出并开始研究锂金属蓄电池。由于锂金属的化学特性非常活泼，对环境要求很高，在20世纪90年代至21世纪初逐渐销声匿迹。1991年，日本索尼（SONY）公司研制成功锂离子蓄电池，这种电池逐渐变成人们生活中最常用的电池。

锂离子电池的正极材料主要有磷酸铁锂、钛酸锂、钴酸锂、锰酸锂、镍酸锂、三元材料等，人们根据其正极材料的不同，将它们命名为磷酸铁锂电池、钛酸锂电池等。

2002年问世的磷酸铁锂电池具有较好的安全性和稳定性，它能量转换效率高，高温时性能良好，安全性好，循环寿命长，可快速充电，对环境污染小。因此，被广泛应用于手机、笔记本电脑、数码相机等小型便携用电设备中。磷酸铁锂电池现已成功应用在电动汽车等大型用电设备上，并且在新能源发电储能领域迅速发展。

▲ 磷酸铁锂电池

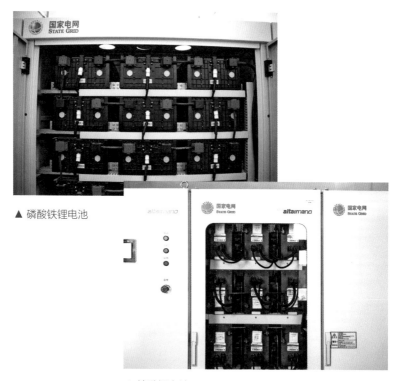

▲ 磷酸铁锂电池

▲ 钛酸锂电池

　　钛酸锂电池安全、稳定，它的充电速度快，瞬时出力大，适合波动性大的场所应用，例如配合光伏发电进行储能。随着技术不断突破，钛酸锂电池有望成为新能源汽车电池技术的一股"有生力量"。

知识
链接

一种新型锂离子电池——石墨烯锂离子电池

　　石墨烯锂离子电池的外号叫"烯储霸王"。它的容量是标准5号电池的30倍，在正确的充放电条件下，充电次数可高达30000次，是普通镍氢电池的30倍，而且具有很快的充电速度。

全钒液流电池

　　液流电池的活性物质以液态形式存在，既是电极活性材料又是电解质溶液。它可溶解于分装在两大储液罐的溶液中，由各个泵使溶液流经液流电池，在离子交换膜两侧的电极上分别发生还原和氧化反应。液流电池的能量存储场所与能量交换场所是分开的。

　　液流电池包括全钒、钒溴、多硫化钠/溴等多种类型，其中最常见的是全钒液流电池。全钒液流电池的电解质溶液中只有钒离子一种金属离子，是众多化学电源中唯一使用同种元素组成的电池，能够避免充放电时因为离子互串而导致的电解液污染问题。

▲ 全钒液流电池

　　全钒液流电池最重要的材料就是金属钒，地壳中钒的储量丰富，超过铅锌等金属。中国是钒的储量大国和最大生产国，总保有储量2596万吨，居世界第3位，年产量约6万吨，占全球产量的一半左右。

走进全钒液流电池厂房，你会发现一排"巨无霸"电池伫立在眼前。尽管具备污染小、寿命长，蓄电容量大、可实现快速充放电等优点，但由于体积巨大和成本相对较高，这种电池只适合用于大规模储能。

▲ 全钒液流电池厂房内部

　　随着大规模储能技术的不断发展，全钒液流储能电池的优越性逐渐凸现，具有很大的发展潜力。美国、日本、欧洲都开始应用这种电池。

铅酸蓄电池

　　铅酸蓄电池是世界上应用最早也最为广泛的蓄电池之一。铅酸蓄电池的技术比较成熟，可以大规模生产；原材料丰富、价格便宜，因此成本较低；大电流放电性能优良且使用安全。然而，铅酸蓄电池以二氧化铅和海绵状金属铅作为正、负极活性物质，以硫酸溶液为电解液，而重金属铅对环境有污染。铅酸蓄电池还有寿命短、能量密度低、体积大，容易受到外部温度等环境影响等缺点，大大限制了它在大规模储能系统中的应用。

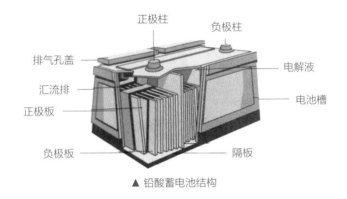

▲ 铅酸蓄电池结构

　　经过多年发展，普通液态铅酸蓄电池逐渐改进为胶体铅酸蓄电池。胶体铅酸蓄电池内部的电解质为凝胶状，是一种介于液体和固体之间的胶状物质，在安全性、放电性能和使用寿命等方面较普通铅酸蓄电池有所改善。

　　目前主流采用的是阀控式密封铅酸蓄电池。这种电池不需要加水，也不需要维护，同时可以防止电解液的泄漏。

　　铅酸蓄电池现已广泛应用于电力系统，如用于发电厂和变电站备用电源，以往大多数独立型光伏发电系统也配备此类电池。

超级电容器

　　普通电容器由两个平行电极及其中的电介质组成，充电时，在两极之间施加一个电压差，这个电压差使正负极电荷向相反极性的电极表面进行迁移，这个过程很短暂，几秒甚至几毫秒就能完成。电容器所用的介电材料可分为陶瓷、玻璃、云母等无机材料和聚丙烯、聚苯乙烯等有机材料两大类。

▲ 超级电容器

　　超级电容器采用电化学双电层原理，它是一种介于普通电容器和二次电池之间的新型储能装置。它的电介质具有极高的介电常数，能够以较小体积制成容量为法拉级的电容器，比一般电容器大了几个数量级，因此人们称之为超级电容器。

储能电站的"总指挥官"

　　储能电站内通过大量电池单体的串并联实现整体电压及功率的输出。在国家风光储输示范工程的储能电站中有着近30万节电池单体，每节电池在运行过程中的电压、电流、剩余容量等参数都处于实时监控状态，以保证整个电站的安全运行。实现这一监控功能的是储能电站的"总指挥官"——储能电站监控系统。

▲ 锂电池控制系统柜

储能电站监控系统包括就地监控系统和远程监控系统两种。

就地监控系统

一台就地监控系统可以监测、采集并控制多组电池管理系统（BMS）及其双向变流器（PCS）的信息，最终所有的就地监控系统将采集到的信息集中上传后台终端——远程监控系统。就地监控系统对运行过程中可能出现的电池严重过电压、欠电压、过电流（短路）、漏电（绝缘）等异常故障情况进行监测，并且可以快速切断电池回路，隔离故障点，及时输出声光报警信息，保证系统安全可靠运行。

▲ 就地监控系统

电池管理系统和双向变流器

电池管理系统（BMS）：电池管理系统对整组电池的运行信息收集，监测整组电池电压和电流，对电池组出现的异常进行报警和保护；对电池实时数据进行数值计算、性能分析、报警处理及记录存储实现电池组的监控、管理和保护等功能。

双向变流器（PCS）：双向变流器（PCS）可控制蓄电池的充电和放电过程，进行交直流的变换，在无电网情况下可以直接为交流负荷供电。PCS通过通讯接收后台控制指令，根据功率指令的符号及大小控制变流器对电池进行充电或放电，实现对电网有功功率及无功功率的调节。另外，PCS控制器通过与电池管理系统（BMS）通讯，获取电池组状态信息，可实现对电池的保护性充放电，确保电池运行安全。

远程监控系统

　　储能电站里有多种类型的电池，它们有着不同的特性，如何实现对所有电池的集中控制呢？

　　为实现对整个电站的宏观调控，需要将就地监控系统采集到的数据统一上传到更高一层的监测控制系统——远程监控系统，结合调度指令和全站内所有电池的运行状态，进行功率分配，实现储能系统优化运行。通过监控系统将站内不同种类的几十万节电池集中监控、统一管理，技术人员可以随时查看任意一节电池的电压、温度、电流、剩余电量等，同时可以控制电量充放，实现站内储能系统的协调运行。

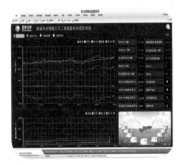

▲ 远程监控系统

储能电站的运行

　　储能电站是由电池系统、变流器系统和就地变配电系统这三大系统构成的。

　　电池系统由电池及控制系统构成。单体电池经过筛选配组，按照串并联方式构成了标准模块。工程师将这些标准模块放入连有电力电缆、通信线路等的电池柜中，接通低压电源，让电池管理系统将一个个电池柜"管理"起来，时刻监测它们的电压、电流、温度和容量等参数。

　　变流器系统的控制程序与检测软件可以接收后台调度下发的指令，并能将设备运行情况上传至后台监控系统。

　　就地变配电系统由低压配电柜、变压器和高压开关组成，它的作用是实现交流—直流的双向转换。变配电系统同样通过监控系统进行监测和操控。

　　最后，让我们来看看，储能电站是如何工作的吧。

　　在放电时，电池系统将电能通过动力电缆输送到变流器直流侧，双向变流器将直流电整流成交流电，随后经过低压配电柜将交流电输送到变压器，通过变压器将电压升高，最后经过高压开关将电能输送到变电站主变压器。

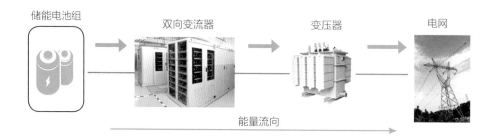

储能电池组　　双向变流器　　变压器　　电网

能量流向

　　在充电时，变压器将电压降低，经过低压配电柜将交流电输送到变流器交流侧，通过双向变流器将交流电逆变成直流电，为电池充电。

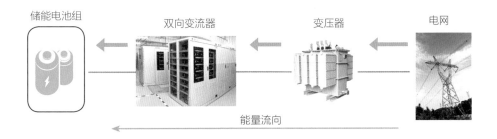

储能电池组　　　　双向变流器　　　　　变压器　　　　　电网

能量流向

▲ 国家风光储输示范工程

Q & A

问题1：电可以被储存起来吗？

答：电能不能被直接储存。传统电力系统可以概括为发电侧、输配电网络、用户侧三个环节，这个系统采用"即用即发"的模式运转，用户侧的用电需求实时变化，发电侧通过改变发电机组的出力来调节发电量，适应这种变化。电力的供应和需求时刻处于平衡状态。

问题2：储能电站是白天储存电力，晚上发出吗？

答：风力发电、光伏发电和储能电站在电气上是并列运行的，并不是风机和光伏发出的电先存储到储能系统，再由储能系统输出。正常运行时储能系统的充放电都是在变电站出口侧完成的，这样就可以使功率不稳定的新能源发电平滑输出，实现风光储联合发电。

问题3：储能电站的"细胞"是什么？

答：电池是储能电站的最小组成单元，如果将储能电站看作一个人，那么电池就是他的"细胞"。储能电站大多安装了一种或多种不同类型的电池储能系统，例如铅酸蓄电池储能系统、锂离子电池储能系统、液流电池储能系统、钠硫电池储能系统……

问题4：储能电站的"总指挥官"是什么？

答：大规模多类型化学储能电站内，通过大量化学电池的串并联实现整体电压及功率的输出，以国家风光储输示范工程的储能电站为例，该电站内所有的化学电池累计近30万节电池，每节电池在运行过程中的电压、电流、剩余容量等参数都需要进行密切的监控，以保证整个电站的顺利运行，实现这一监控功能的是储能电站的"总指挥官"——监控系统。

索 引

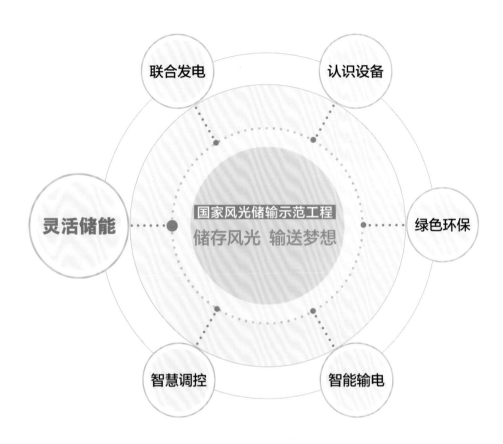

联合发电

认识设备

灵活储能

国家风光储输示范工程

储存风光 输送梦想

绿色环保

智慧调控

智能输电

ISBN 978-7-5198-2027-5

9 787519 820275 >

定价: 25.00 元

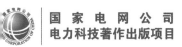

国家电网公司
电力科技著作出版项目

CSEE-SP10-2018-B5

国家风光储输示范工程
储存风光 输送梦想
绿色环保

中国电机工程学会
北京电机工程学会 ◎组编

中国电力出版社
CHINA ELECTRIC POWER PRESS